奇趣香港史探案 04

大戰時期

周蜜蜜 著

中華書局

奇趣香港偵探團登場

上次說到香港的城市建設發展起來。

華港秀

雖然香港已經城市化，可不時發生老虎襲擊人的事件！

馬冬東

華港傑

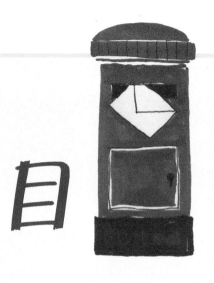

目　錄

圖說香港大事

偵探案件1

走馬大騎樓之謎

　　這個星期六，華港秀在家裏做功課，
聽見華爺爺不時發出咳嗽的聲音。

　　華港傑走過來，説：

　　「爺爺，你前兩天患感冒，現在還沒有
完全康復吧？要不要再去醫院讓醫生看看
啊？」

　　華爺爺搖頭説：

　　「我的感冒基本上已經痊癒，只是覺得
喉嚨還有些不舒暢。」

　　這時，華港傑、華港秀的媽媽在一旁
聽到了，説：

　　「爸爸，你這是呼吸道受感染了，單靠
吃西藥是不行的，我下午陪你去雷生春堂
看看中醫好了。」

　　「雷生春堂？那是甚麼地方啊？」

華港秀一聽，抬起頭好奇地問。

「我知道，那是在九龍荔枝角道和塘尾道之間的一幢**舊唐樓**，現在是香港浸會大學中醫藥學院的保健中心。」

華港傑很快地回答。

「啊，你知道你知道，那為甚麼要在舊唐樓設中醫保健中心的？那地方有些甚麼特別之處，非要這樣做不可，你又知道嗎？」

華港秀追問。

「我只知道那是活化的舊建築物，但一直沒去過。爺爺，我也可以陪你去看中醫，媽媽就不用去了，好嗎？」

華港傑問。

「那也好，你也是大個仔了，下午就負

責陪送爺爺去雷生春堂看中醫吧。」

　　媽媽應允了。

　　「還有我呢，我馬上就做完功課了，也可以陪爺爺去。」

　　華港秀急忙説。

　　「好吧，我們一起去。」

　　華爺爺笑着點點頭。

　　吃過午飯後，大家休息了一下，華港傑和華港秀就要陪爺爺出門去。

　　「哎呀！逮着你們了，快告訴我要到哪裏去？」

　　馬冬東突然出現在門口，一臉驚訝地問。

　　「乜東東，你到這裏來要做乜東東？還是你先告訴我吧！」

11

華港傑反問他。

「我⋯⋯我是奉公公之命來的。他説下個星期本屆香港工展會就要開幕了，叫我問你們，下星期天要不要一起去參觀？」

馬冬東抓抓頭説。

「看工展會？太好了！去！我們當然要去！」

華港秀雀躍地説。

「東東，你就回去和公公説，謝謝他的邀約，我們很高興下星期可以一起去遊工展會。」

華爺爺説。

「可是，你們現在出門要到哪裏去呢？」

馬冬東急忙又問。

「神祕的地方 —— 雷生春堂。」

華港秀眨眨眼睛，又揚起眉毛，故作神秘地說。

「雷生春堂？好奇怪的名字，我好像也聽說過，香港 —— 九龍哪裏是有這麼一個地方？我也好想跟你們去看看啊！爺爺，你老人家批准嗎？」

馬冬東急不及待地說。

「你想去就去吧，不過要先打電話和你公公講清楚。」

華爺爺說。

「是，我這就打。」

馬冬東愉快地遵從，打手機給他的外祖父明啟思教

13

授，然後跟着華家祖孫三人一起出發了。

他們乘坐地鐵，很快就到了太子站。

華爺爺領着眾人走出地鐵站，來到一個馬路口，只見有一幢四層高的舊唐樓，非常突出地屹立在眼前，與四周圍的高樓大廈建築風貌完全不同，因此也顯得格外奪目。

「雷生春堂！」

華港傑、華港秀和馬冬東幾乎同時叫了起來。

「唔，你們都看出來了，就是這裏了。」

華爺爺點點頭説。

「嘖嘖嘖！兩邊都刻了石牌匾，寫着的都是

『雷生春』、『雷生春』，
好大的氣派！」

　　馬冬東由上至下地望
着這座罕見的舊唐樓，説。

　　「那我們就快進去陪爺爺看
病吧。」

　　華港傑説。

　　「不急，我已經預約
掛號的了，時間還早，
你們可以先觀賞一下這
座香港獨一無二的歷史建
築。」

　　華爺爺説。

「爺爺，這座大廈是甚麼時候建成的
呢？」

15

華港秀問。

「是 1931 年建成的。」

爺爺説。

「那麼早？連我的公公也未曾出世呢。為甚麼要叫它做『雷生春』的？難道要它生出春天嗎？」

馬冬東抓抓頭，問。

「乞東東你這傢伙，想到乞東東，問乞東東呀？」

華港秀笑着敲了馬冬東的腦袋一下。

「實情是這樣的：這座唐樓最早是九龍巴士公司的創辦人雷亮先生擁有，而當年大廈樓底下的一層，由他的同鄉兄弟、中醫雷瑞德開設一間名為『雷生春』的跌打藥店，其他的樓層，就作為雷氏家庭成員的

住所。」

爺爺解釋道。

「原來是這樣的。」

馬冬東一拍自己的額頭說。

「據有關資料顯示，這座樓房已經成為
深水埗的地標，見證了香港有名的家族發
展歷史。」

華港傑說。

「嗬，這幢大廈原來這麼有歷史和文化
價值，爺爺，我們現在可以走近它，看個
一清二楚嗎？」

華港秀情緒高漲地問。

「當然可以，好好看吧。」

爺爺點頭應允。

於是，大家一起「親近」這幢歷史悠久

又別具特色的唐樓。

「咦呀，它的欄杆上邊都有裝飾的呢，真好看！」

華港秀一邊打量着，一邊説。

「何止是欄杆，你們看看那露台，多麼闊大，好像很古老，但又有些新式時尚似的，就是漂亮！」

馬冬東指手劃腳地説。

「那應該是**騎樓**吧，以前的唐樓大都會有類似的騎樓設計，對嗎？爺爺？」

華港傑説。

「沒錯。是所謂的**走馬大騎樓**，一、二、三樓都建有伸延出行人道上面的寬闊外廊，可以給行人遮風擋雨。而這一座可算是香港戰前騎樓建築的代表。你們可以

細看這遊廊、門窗甚至門檻，設計都特別

講究線條和色彩，還有圖案的配襯。既有

古典的元素，又有現代的裝飾藝術風格。」

　　爺爺耐心地引導大家觀賞。

　　「設計這幢大廈的建築師，一定很了不

起，他是個甚麼人呢？」

　　馬冬東又問。

　　「這個我也查過資料，是名叫布爾

(W.H.Bourne) 的建築師設計的。」

　　華港傑說。

　　「其實香港上世紀 20 至 30 年代的建

築，都受到裝飾藝術的影響，包括一些唐

樓、豪宅和教堂，花墟道也有這種風格的

唐樓羣，可惜留下來被活化的不多了。」

　　華爺爺說。

「雷生春堂是甚麼時候變成浸會大學中醫學院的診所的？」

　　華港秀指着門口問。

　　「它是雷家的後人在 2000 年捐贈給政府的，政府把它列為一級歷史建築，2008年決定改建為浸會大學的中醫藥保健中

心，再於 2012 年 4 月活化成非牟利機構經

營的中醫診所。」

華港傑清清楚楚地回答。

「要知道，這雷生春堂見證了香港的重

要歷史。1937 年，抗日戰爭在中國全面爆

發，難民不斷湧入香港。香港的人口亦由

1931 年的約 84 萬，激增至 1941 年的 160

多萬。房屋和醫療設備都嚴重缺乏。不少

人流離失所，露宿街頭。這一類的騎樓，

就曾經是難民的臨時避難處。」

華爺爺語重心長地説。

「原來是這樣的，這雷生春堂本身就是

香港歷史的一部分啊。」

馬冬東恍然大悟地説。

21

香港
古今奇案
問 答 信 箱

第1期

華港傑 主持

奇案1

香港還有多少戰前唐樓？

　　香港很多戰前唐樓已被清拆，只有小部分經過翻新或改建，而得以保留下來。

　　原來唐樓最早可追溯至香港開埠之初，當時為了應付人口增加，一些三層高的房屋出現供華人居住，這些便是早期的唐樓。後來政府為唐樓修例作出規範。

　　戰前唐樓最大特色便是有走馬陽台，樓頂可以互通，戰後興建的唐樓已沒有這種特色。

奇案2　工展小姐選舉在哪年開始的呢？

　　第十屆工展會 (1952 年) 香港首次舉辦工展小姐選舉，與選美不同，大會評審不但以外貌美麗為評選標準，更着重工展小姐的服務質素。

　　直到第十五屆工展會，工展小姐的選舉方式改由入場觀眾投票產生，自此，每年工展會的攤位小姐都悉心打扮，為攤位宣傳，爭取遊客投出一票。部分獲加冕的工展小姐也可以到電影公司試鏡。

你能發現香港街道上的唐樓嗎？可以把它們畫出來嗎？

偵探
案件2

好玩工展會

這個星期天一大早，華港秀剛剛醒來，即刻爬下床，揉着眼睛從房間走到客廳，興奮地叫嚷說：

　　「去看工展會囉！去看工展會囉！」

　　「殊……」

　　華港傑聞聲走過來，捂住她的嘴巴，輕聲制止道：

　　「別吵，爸爸昨天晚上加班，現在還沒有睡醒呢。」

　　華港秀伸了伸舌頭，不敢再吱聲。

　　這時，廚房發出輕微的響動。

　　華港秀瞪大眼睛，驚奇地望過去。

　　華港傑做手勢告訴她，那是爺爺在裏面泡茶喝，又示意讓她快去梳洗更衣。

　　華港秀點點頭，無聲地執行了。

接着，兄妹二人就躡手躡腳地跟着爺爺出門去。

只見明啟思教授和馬冬東祖孫倆，正在屋苑的電梯間等候着。

「哈哈！我比你們快了一步！」

馬冬東得意洋洋地説。

「不，只是快了半步。」

華港秀偏偏要同他爭。

「你説乜東東啊？一步就是一步，哪有半步的？」

馬冬東自然不服氣。

「因為我看見你是跟在教授後面，有半步的距離嘛。」

華港秀眨着眼睛，笑嘻嘻地説。

大家聽了，也笑起來。

接着，他們一齊乘電梯到屋苑的閘口，再去附近的酒樓飲早茶，吃點心。

因為一心急於要去工展會，馬冬東碗中的食物還沒有吃完，就想走了。

「這不行，東東，你不能浪費食物，一定要把這些都吃完了，我們才出發。」

明教授神情嚴肅地説。

馬冬東只好乖乖地坐定了進食。

「你們為甚麼這樣喜歡去看工展會呢？」

華爺爺問。

「我想看香港最新出的電子產品！」

華港傑説。

27

「我鍾意看工展會小姐，還有形形色色的節目！」

華港秀説。

「我……我愛吃、吃那裏的小食。」

馬冬東不甘落後，但嘴裏有些正在咀嚼的食物，説話有些含混不清。

「吃、吃、吃，你先吃完了這些再説吧，哈哈哈！為食貓！」

華港秀笑着説。

「現在的香港人，把工展會完全當成是娛樂活動，其實當初舉辦的時候，並不是這樣簡單的。」

華爺爺有感而發説。

「那工展會原來是怎麼樣的呢？爺爺，你可以告訴我們嗎？」

28

華港秀問。

「說來話長呀。」

爺爺說。

明教授看見馬冬東已經吃完碗裏的點心，便說：

「現在我們可以出發了，邊走邊談吧。」

於是，他們離開酒樓，乘上了地鐵。

「第一屆香港工展會，是在甚麼時候舉辦的呢？」

華港秀繼續發問。

「是在 1938 年 2 月 4 日至 2 月 8 日舉行。」

華爺爺說。

「那是不是在日本軍隊入侵香港之前的三年呢？」

華港傑問。

「你説得不錯啊，傑仔，正是那一個的時期，你怎麼會想到的？」

明教授説。

「因為爺爺上次叫我們重温香港被日軍侵略的歷史，我就查看了一些有關的資料。」

華港傑説。

「這就對了，我們就要用歷史的眼光去看待香港工展會。」

明教授讚許道。

「其實那時候日本已經侵略中國，香港首屆工展會，正式的名稱是『**中國貨品展覽會**』，由中華廠商聯合會以及提倡用國貨的團體創辦，除了推銷產品之外，也呼喚同

胞多用國貨，以抗衡日本貨。同時，工展會還進行慈善義賣。」

華爺爺説。

「香港人也很愛國啊！那時工展會的地點，也是在維多利亞公園嗎？」

馬冬東問。

「不，是在中環鐵崗、現在稱為己連拿利的聖保羅書院內舉行。」

華爺爺説。

「去看的人多不多呢？」

華港秀問。

「當時報章報道，參展的廠商有 80 多家，展覽攤位 87 個，全部是國貨。在五天的會期內吸引了 3 萬 5 千人入場參觀。」

華爺爺説。

「也有不少人去呢。」

華港秀説。

「香港從此就一年一度舉行工展會，參加的廠商和觀眾不斷增加。1940 年年初及年尾分別舉行了第三屆和第四屆工展會。只是到了 1941 年的時候，原定 12 月 20 日舉行，但因為 12 月 8 日香港開始被日本軍攻佔，第五屆香港工展會被迫停辦。」

明教授説。

「原來最初的工展會有這樣的歷史意義，可不是純粹的吃喝玩樂啊！」

馬冬東恍然大悟。

「我還知道，工展會和香港的工業發展很有關係哩。那時候香港的工業是怎麼樣的？」

華港傑問。

「香港工業發展，有悠久的歷史，一直扮演着舉足輕重的角色。其中主要的動力，是中小型廠商，靈活變通，他們會透過工展會把商品推廣至海外市場。抗日戰爭爆發之後，大批南下避難來香港的居民，造成本地市場需求迅速擴大，而香港獨立的位置和蓬勃的經濟，促進了工業的發展，尤其是造船業，那時候已經能造出過萬噸貨輪。」

明教授説。

「嘩！超過一萬噸的貨輪，好厲害！」

馬冬東説。

「啊！這是香港工業史上光榮的一頁呢！」

華港傑忍不住一拍手説。

明教授说：

「是啊，香港的造船能力，30 年代就
　　已經超過日本，並且能生產掃雷
　　艦、哨戒艇等，成為英國除印度
　　加爾各答以外，在亞洲的製艦中
　　心。事實上，香港在淪陷前，已經
　　成為國民政府輸入戰略物資的重要港
　　口，提供和捐助不少抗戰的物資。」

「到了！銅鑼灣站，我們要下車啦！」
華港秀叫起來。

「好啊！工展會，我來了！」
馬冬東立刻興奮地站起來。

列車一停，大家都向站台上走，人流

全都是向着同一個方向 —— 維多利亞公園
的香港工展會。

圖說香港大事——
戰前香港

日本軍隊早已對香港虎視眈眈，香港政府也不得不開始各項備戰工作。

1940年，居港的外籍婦孺撤離香港。由筲箕灣到堅尼地城的山邊全速興建防空洞。

1941年9月10日新任港督楊慕琦抵港，在娛樂戲院宣誓就職。

九龍各地的主炮及高射炮都轉移到香港島部署。

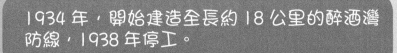

1934年，開始建造全長約 18 公里的醉酒灣防線，1938 年停工。

偵探案件3

大戰前夕的香港

這一天，放學之後，華港傑和華港秀，跟着馬冬東回家。

看見明啟思教授，華港傑恭恭敬敬地對他鞠躬説：

「明教授公公您好！最近我的《香港古今奇案問答信箱》專欄，收到不少同學的來信，都是詢問有關日軍侵略香港前後的事情，我自己也很想考察和學習那一段時期的歷史，向您請教請教，可以嗎？」

明教授慈祥地笑着説：

「很好嘛，傑仔，你和你的同學，能夠關注和重溫那一段歷史，實在是太好、太重要了！我身為長輩，一定全力支持的。現在也正巧，我有幾個以前的學生，就是專門做這方面的歷史研究的，約我星期六

到上水的體育運動俱樂部去聚會，不如也請你們和爺爺一起去吧。」

華港秀和馬冬東差不多同時跳起來，拍手喝彩：

「太好了！太好了！」

等到星期六，按照約定，大家一齊來到上水的體育運動俱樂部。

明教授的幾位學生們，早已在休息室裏等候。他們都是華港秀、華港傑和馬冬東的「叔叔輩」的學者和作家。明教授一一向大家互相作介紹。

一位姓丁的學者說：

「想不到，現在的中學生，也這麼關心當年這一段慘痛的歷史，真是好現象呢！」

其他幾位叔叔也點頭表示同意。

「我們要認識這一段人類歷史上的教訓，才能夠以古鑒今，避免犯上同樣的錯誤！」

華爺爺説。

就這樣，大家圍着桌子坐下來，很快就「言歸正傳」了。

華港傑問：

「我想請教各位前輩，1937 年 7 月 7 日，日本發動了全面侵華戰爭，那時香港這邊的情況是怎麼樣的呢？」

明教授指着窗外的深圳方面，説：

「那時候有日軍駐守在深圳的深圳河北岸，英國明白最終會同日本一戰，就於 1937 年後逐步加強香港的防衞。」

丁叔叔説：

「是的。到 1938 年 7 月，港英政府通過了緊急條例，表面上保持中立，實際上積極備戰。」

明教授説：

「面對日軍的威脅，香港政府還頒佈義務兵役法案，規定所有適齡的英籍男子都要服役，同時，徵召條件合適的居民加入義勇軍。1939 年正式成立防空署，訓練更多的防空救護員，並於香港市區興建防空洞等設施。」

華爺爺説：

「那時候由於抗日戰爭全面爆發，有許多難民來香港逃避，香港的人口突然間增加了數以十萬計，香港政府或慈善機構竭力應

付，在北角、馬頭涌、京士柏公園修建了三
所難民營，收容每天湧過來的難民。」

華港秀説：

「嘩，這麼多人來，香港的環境會不會
有變化呢？」

明教授説：

「變化當然很大了，而且香港實際上被
日軍包圍，因而逐步被孤立了，外部的情
況日益惡化。但英國政府無意在戰時長期
防守新界和九龍半島，只
是希望中國政府繼續抗
日，拖住日軍對香港的
進攻。」

馬冬東説：

「英國人怎麼會這樣

做？難道他們不想保住香港嗎？」

丁叔叔説：

「在香港守與不守的問題上，英國內部是有過不同爭議的。駐港英軍陸軍司令賈乃錫 (Arthur Grasett)，曾經不斷要求英國政府，把在天津和上海的英軍兩個營調來香港，但都被拒絕。」

華港傑問：

「為甚麼？」

丁叔叔説：

「因為當時的英國正在歐洲和納粹德國打仗，英國政府要以不能阻礙他們對德國的戰爭為前提來考慮。另外，英國皇家海軍提出在香港黃麻角和鴨脷洲建立臨時炮台等防禦計劃，也只有小部分得以落實。」

明教授說：

「在英國政府的評估中，對於香港的
戰略位置非常悲觀，認為他們的駐軍不能
長期抵擋日軍的進攻。當時的港督羅富國
(Geoffry Northcote) 還建議將香港宣佈為不
設防城市，以免缺乏防空武器和民防的香
港市區被日本轟炸機摧毀。」

馬冬東說：

「哎呀，這不是太消極了嗎？」

華爺爺說：

「好在，那時香港社會還是進行了不少
活動，為戰爭作準備，其中的代表人物，
就是孫中山夫人**宋慶齡**。」

華港傑說：

「我知道啊！在抗日戰爭爆發後，她到

處奔波，就是為了積極推動抗日活動。」

華爺爺說：

「傑仔說得對。宋女士及時南下到香港，利用英日之間的矛盾，加上本身的魅力和優勢，把香港作為抗日救亡活動的大本營。」

華港秀拍手說：

「那太好了！我看過宋慶齡女士的照片，真是形象美麗大方，魅力十足呢！」

明教授說：

「當時的香港人和許多華僑，尊稱孫中山先生的夫人宋慶齡為『國母』。她來到香港，親自發動組織『保衛中國同盟』，向海外人士和華僑推動抗日救國，募集經費藥物及醫療器材，支援抗日戰爭。」

華爺爺說：

「那真是一呼百應，各個青年團、婦女會、學生賑濟會、同鄉會、華商會等，都紛紛成立或者擴大服務，為抗戰作出貢獻。不僅華僑富商慷慨捐輸，就連不少貧苦的基層市民也節衣縮食，踴躍參加各類支持抗戰的活動。」

華港傑問：

「今天我們會賣旗籌款，也會用電視節目來吸引觀眾。可是在第二次世界大戰以前，電視機未在民間普及，那時候他們是如何呼籲市民支持抗戰活動的呢？」

明教授說：

「形式可以說是多不勝數啊！由拍攝電影、街頭義賣到募捐物資都有。宋慶齡女

士在香港倡議展開過名為『一碗飯運動』的籌款活動，就在 1941 年 7 月 至 9 月間舉行，那時候香港人紛紛上街買券食『救國飯』，結果募集了遠超預期的資金，都用來救濟傷兵難民。」

馬冬東説：

「好啊！團結就是力量！」

另一位作家周叔叔説：

「那個時候的香港，有許多從中國內地轉移過來的文化機構，一些在淪陷地區停辦了的報刊，也相繼在香港復刊，大批文化人到來，令香港成為中國南部宣傳抗戰的文化中心。」

第2期

華港傑主持

香港古今奇案
問 答 信 箱

奇案1 香港戰前已經有工業嗎？

　　早在 20 世紀初，香港已發展工業，到了 1930 年代，香港接近四分一的勞動人口都受僱於製造業。當時的工業領域甚廣，包括造船業、煉糖、紡織、醬油等等。

　　1937 年日本侵華，不少工業家將廠房從中國內地移師香港，為香港引進了新行業。軍需工業尤其發展迅速，例如油漆、防毒面具、金屬頭盔、軍服、水壺等等。

　　由於投身工業的人口愈來愈多，政府於上世紀初開始為僱傭及工業安全進行立法。

奇案2 第二次世界大戰和香港有甚麼關係?

第二次世界大戰是一場全球性的戰爭,涉及全球大多數的國家,分為同盟國(包括英國、美國、中國等 50 多國)和軸心國(德國、日本和意大利)兩個陣營。

日本侵華之後,大量抗日用品運經香港,同時,香港亦是英國的海軍基地及後勤補給站,加上日本雄霸東亞的野心,因此,香港成為日本攻略的目標之一。

日軍戰機正在空襲中環

你能根據本章提供的線索,說出香港的抗日活動嗎?

九龍攻防戰

這個星期天，明教授、華爺爺帶着華港傑、華港秀、馬冬東，長途跋涉，到了城門水塘一帶的城門碉堡。其實這是一些只剩下頹垣殘壁的特別建築。

　　華港傑打量着四周的環境説：

　　「這裏就是當年英國人設立的**醉酒灣防線**，對嗎？」

　　華爺爺點頭説：

　　「沒錯。醉酒灣防線其實是指一系列從新界西部的醉酒灣，經城門水塘、城門河、沙田、大老山等，一直伸延到西貢牛尾海的防禦工事。其中包括地堡、機槍陣地、戰壕等。而最重要的組成部分，可算是這一個城門碉堡了。」

　　馬冬東左看看、右望望，然後皺眉抓

頭説：

「這真的是碉堡嗎？我怎麼一點兒也看不出來？」

明教授説：

「年代太久遠，這裏已經被破壞得不成樣子了。醉酒灣防線的遺跡到了今天大部分都已經不存在，醉酒灣也被填海，變成現在葵芳一帶。」

華爺爺指着碉堡其中一個入口處，説道：

「本來就軍事上來説，這是一個十分有戰略價值的地方，這城門碉堡設有鋼筋混凝土築成的機槍座及小口徑砲砲座 4 處，並挖有交錯的交通壕，入口處的混凝土厚達 1.5 米。而交通壕的名字，全都是倫敦的街

名。」

馬冬東走近看清楚那

些街名。

華港傑説：

「很明顯，這都是英國

製造的。」

華爺爺説：

「當時，這是英軍為防止日軍進入九龍

半島及香港島而建於新界南部的大型防禦

工事。英軍曾自誇這條防線可以堅守至少

半年的時間。」

馬冬東問：

「事實上又是怎麼樣的呢？」

明教授説：

「1941 年 12 月 7 日，日軍在夏威夷偷

襲美軍基地珍珠港。」

華港秀張開兩臂繞着馬冬東團團轉，口中「隆、隆、隆」地叫着。

馬冬東問：

「你在扮甚麼乜東東呀？」

華港秀說：

「我看過偷襲珍珠港的電影呀！我就是在扮電影中的戰機哩！」

華港傑瞪了他們一眼，然後問：

「日軍偷襲珍珠港，和我們香港有甚麼關係嗎？」

明教授說：

「就在珍珠港被偷襲不足 8 個小時之後，日軍在 12 月 8 日早上開始進攻新界及九龍。首先空襲啟德機場，令英軍的防空

力量癱瘓，又襲擊深水埗軍營。12月9日上午，日軍開進大帽山一帶，偵察兵發現城門水塘南方，即是城門碉堡所處位置的防守薄弱，加上那裏位處高地，可以俯瞰醉酒灣防線西段的全部陣地，於是日軍就決定進行偷襲。」

華港傑説：

「如果日軍攻佔了高地，可就不容易對付啊！」

明教授又説：

「就這樣日軍數十名精鋭步兵向高地上的碉堡進攻，同時工兵成功破壞兩處屋頂形的鐵絲網，並炸毀了英軍的射擊工事，而日軍另一支部隊亦作出配合，提前對陣地展開攻擊。當天晚上，日軍發動突擊，

最先發現日軍的一名英軍哨兵，即時用機槍反抗。」

華港秀緊張地問：

「怎麼樣？這裏的英國軍隊頂得住嗎？」

華爺爺嘆息搖頭説：

「很難啊！英軍的指揮官隨即派出一隊士兵沿管道作出增援，可惜被日軍投彈打敗。日軍馬上直撲位於西部的城門碉堡，並向碉堡內的英軍指揮總部作猛烈攻擊，結果多名英國士兵被擄，在反抗的時候，一名叫Thomas 的士兵被日軍炸得雙眼失明。」

華港秀和馬冬東失聲驚叫：

「啊！雙眼失明！真慘！」

明教授説：

「戰爭就是這樣殘酷的。到 12 月 10 日

早上 7 時，日軍佔領了這個高地，並俘虜 27 名英軍。日軍乘勝追擊，12 月 11 日上午，日軍突破防線，進入大老山。防守軍指揮官莫德庇少將決定把留駐新界及九龍的部隊撤回香港島，醉酒灣防線正式宣告全線崩潰。」

華港傑問：

「英軍其他隊伍怎麼辦？」

明教授說：

「在防線西段的剩餘部隊，也開始自九龍撤回香港島，並順道破壞九龍的重要戰略設施。」

華港傑問：

「這一道醉酒灣防線之所以會被日軍攻陷，主要的原因就是英軍兵力不足，是

嗎？」

明教授説：

「這是其中的原因之一，城門碉堡本來設計可容納超過 120 名士兵防守，但是駐軍只有 30 人。還有就是士兵缺乏訓練，他們大多是來自印度、加拿大和蘇格蘭的新兵，沒有實戰經驗，面對敵人時不知所措。」

華港秀一跺腳，發急地説：

「日本軍隊打入香港了，香港政府怎麼做？」

華爺爺説：

「那時候，日軍攻佔了新界和九龍，曾經派出代表，要求英軍投降，被當時的**港督楊慕琦 (Mark Young)** 拒絕。於是，日軍在 12 月 18 日渡過維多利亞港，向香港島

發動全面進攻。」

華港傑説：

「我在電視上看過介紹這段戰爭的紀錄片，戰況非常慘烈啊！」

華爺爺説：

「沒錯！這是一場異常激烈慘痛的香港防衛戰！」

馬冬東一聽，即刻拉着爺爺的手，説：

「在哪裏？那些當日的戰場在哪裏？爺爺，快帶我們去！讓我們實地考察一下！」

明教授走過來説：

「東東，要知道那些地方不止一處，距離這裏都是路途很遠的，今天的時間不夠，去不了，我們下個星期天再説吧。」

圖說香港大事──
香港開戰

1941年11月21日，日軍開始第一階段集結。自12月5起南下深圳，並分成左、右兩翼，計劃分兩路進攻香港。12月8日清晨，日軍入侵香港。

1941年12月8日6時前後，日本戰機從廣東起飛，飛往香港。約7時40分，日機投彈空襲啟德機場。

1941年12月8日晚上，空襲過後的啟德機場仍可運作，滯留香港的國民政府政要，包括宋慶齡於啟德機場登機撤走。

日軍

1941 年 12 月 9 日，城門碉堡失陷。

偵探
案件5

大戰香港島

令大家期待的星期天，終於等到了。

明啟思教授、華偉忠爺爺領着馬冬東、華港傑、華港秀，一早出發，來到香港黃泥涌木球會對面。

馬冬東、華港秀和華港傑向四周圍觀望，只見綠樹成蔭，幾條交匯的道路上，不時有汽車駛過馬路，令人感覺舒適寧靜。

馬冬東抓抓頭，有些疑惑地問明教授：

「公公，當年抗日戰爭，真的是在這裏打過仗嗎？」

明教授說：

「當然是真的。就在醉酒灣防線失守之後，英國守軍全部撤回港島。駐港英軍司令莫德庇（C. M. Maltby）少將把他們分開東、西兩旅。東旅由華里士（C. Wallis）領

軍，指揮部設在大潭峽，而西旅是由加拿大援軍司令羅遜（J. K. Lawson）擔任旅長，指揮部就正正在黃泥涌峽這裏。」

華港秀舉起拳頭，説：

「絕對不能讓日軍入侵香港島，一定要把他們打退！」

華爺爺説：

「當時日軍用 5 萬人的兵力打入香港，而駐守香港的我方軍人，只有 1 萬名英籍士兵，其中 1000 多位是華人。另外，有一部分是其他國籍的士兵，當中有 1975 人，分別來自加拿大的溫尼伯榴彈兵營（Winnipeg Grenadiers），以及皇家加拿大來福槍營（Royal Rifles of Canada）。以少對多，兵力懸殊。」

華港傑說：

「敵我兩方面的軍力，真是相差太遠了！」

明教授說：

「看看黃泥涌峽這裏，有五條路交滙，包括黃泥涌峽道、大潭水塘道、淺水灣道、深水灣道和布力徑，是往來南北的交通重要樞紐。當年日軍把這裏叫做『五叉路』。」

馬冬東緊張地問：

「日軍打過來這邊了嗎？是在甚麼時候？」

明教授說：

「那是 1941 年 12 月 18 日，日軍兵分三路渡海入侵港島，隨即進攻黃泥涌峽。」

「哎呀！這邊的守軍怎麼辦？」
華港秀驚叫出聲。

「當天早上，西旅指揮部正被日軍包圍的時候，旅長羅遜與莫德庇用無線電通話，就說了一句：『Going outside to fight it out！』，翻譯成中文，大意就是說：『我們衝出去，決一勝負！』之後就即刻同指揮部所有人衝出去，指揮加拿大溫尼伯榴彈兵團全力以赴，勇敢作戰！」
明教授說。

「英雄啊！他們都是抗擊日軍的英雄！這場仗很難打的吧？」
華港傑問。

「這是可以想像得到的。敵、我雙方，短兵相接，遺憾的是加拿大援軍裝備不足，欠缺訓練，對香港的地理環境亦不熟悉。但是他們面對配備精良、久經作戰的日軍，表現出無比的堅強勇氣，負隅頑抗，打得日軍措手不及。」

華爺爺説。

「黃泥涌戰役，打得非常之激烈，死傷慘重，成為開戰以來最殘酷的一場戰役。指揮官羅遜血灑戰場，成為加拿大在第二次世界大戰中犧牲的第一位高級將領。」

明教授説。

「他們真的很勇敢啊！為保衛香港而犧牲了自己……」

華港秀語帶哽咽地説。

69

「不過，這一場仗也打亂了日軍侵佔香港島的原定計劃。按照原來的部署，日軍以為十日之內可以攻下香港，結果被拖慢了。加拿大溫尼伯榴彈兵（Winnipeg Grenadiers）A 連和 D 連的將士，也在畢拿山拼盡最後的力量，頑強地抵抗日軍的進攻。」

華爺爺說。

「是啊，黃泥涌峽這一帶，至今還可以見到守軍用來做指揮部的房屋和碉堡陣地，附近也留下不少軍事遺跡。2005 年，香港政府在這裏開設了第一條軍事文物徑，沿途會經過彈藥庫、高射炮台、機槍堡和指揮部等，一共有十個站，而每站都有資料牌介紹有關戰役，讓後人憑弔。」

明教授説。

「那我們也可以去走一下嗎？」

華港傑問。

「當然可以，這也是我們今天帶你們來
的目的嘛。」

華爺爺説。

「好啊！我們這就走過去。」

華港秀和馬冬東雀躍地説，急着要去
走軍事文物徑。

「慢一點！」

明教授把他們兩人叫住。

「怎麼了？公公？明教授？」

馬冬東站住了，問。

「這裏是供人重溫香港防衞戰歷史的地
方，比純粹觀光看景又多了一重意義，要

慢慢地看，認真地思考，這些遠道而來的援軍，究竟是為何而戰、為誰而戰？」

明教授說。

「是！」

馬冬東、華港秀和華港傑一齊回應。

「你們還要記住，1941 年 12 月 25 日，香港在最後一個水塘失守、英軍斷水斷糧的情況下，港督楊慕琦被迫在半島酒店的日軍總司令部投降，1 萬多名英軍士兵成為戰俘，香港人叫這一天為『黑色聖誕』，香港從此淪陷，進入三年零八個月的日治時期。」

華爺爺說。

「戰爭的禍害，希望人們世世代代也不會忘記，一定要避免重蹈覆轍！」

華港傑有感而發地説。

「為了紀念在香港防衛戰中陣亡的 290 名加拿大援軍將士，以及 267 人死於戰俘營的戰俘，香港政府專門在柴灣設立了**西灣國殤紀念墳場**，每年都舉行追思儀式。」

明教授説。

「我們下次有機會也要參加。」

華港秀説。

「嗯，現在我們可以一起走過這裏的軍事文物徑，好好緬懷先烈的英勇事跡。」

明教授説。

「為甚麼要靠加拿大軍隊來打防衛戰？主力不是英軍嗎？」

馬冬東問。

「因為當時英軍在歐洲戰場迎戰納粹德

軍，已經盡用大量兵力，在香港要對付 5 萬精銳日軍，只能請求加拿大、澳洲等國家派出援軍來香港打守衞戰。加拿大派出了兩個營的軍人，義無反顧地參加香港保衞戰。」

明教授說。

「他們都是非常優秀的年輕人，留下了許多可歌可泣的事跡！值得我們學習和銘記的啊！」

華爺爺說。

第3期

華港傑主持

香港
古今奇案
問 答 信 箱

奇案1

和平紀念碑是紀念哪場戰爭？

　　位於中環遮打道的和平紀念碑於 1923 年豎立，原為紀念於第一次世界大戰殉職的軍人。第二次世界大戰後，便用以紀念在兩次大戰中殉職的軍人。

　　和平紀念碑最初只刻有「The Glorious Dead」的字樣和第一次世界大戰的年份（即「1914-1918」），後來再刻上「1939-1945」，以悼念第二次世界大戰的死難者。1980 年代和平紀念碑側面再刻上「英魂不朽浩氣長存」八個中文字。

1945 年 9 月，英軍在和平紀念碑前舉行檢閱儀式。

「添馬艦」真的是一艘戰艦嗎？

奇案2

添馬艦原本是一艘 3650 噸的英軍運兵船，1878 年首次抵港，1897 年開始長期停靠在海軍船塢。到了 1941 年 12 月中，香港淪陷在即，為免落入日軍手中，添馬艦被拖出維港炸沉。1978年，位於金鐘的軍營命名為添馬艦海軍基地。

2015 年，灣仔海床發現懷疑沉船的金屬殘骸。有學者估計可能便是添馬艦，沉船身份仍有待確認。

1900 年代初添馬艦
於維多利亞港

你能根據本章的線索，説出香港為紀念第二次世界大戰犧牲者的地點嗎？

偵探
案件6

英雄與義犬

趁着西下的夕陽,明啟思教授、華偉忠爺爺、華港傑、華港秀和馬冬東一行人,來到了香港公園的一座銅像前。

「看吧,這就是參加保衛香港戰爭的加拿大援軍英雄約翰·奧斯本(John·Osborn)!」

華爺爺説。

「他很年輕啊,英姿焕發!」

華港秀肅然起敬地仰望着説。

「他也是屬於溫尼伯榴彈兵營的,對嗎?」

華港傑問。

「不錯,當年他屬於 A 連的士官長。其實他早在 17 歲的時候,就參加了皇家海軍陸戰隊,曾經參加過海戰。由於他為人冷

靜、堅強，很有軍事指揮的才能，所以，很快就在軍中升職。」

明教授說。

「他在香港負責哪一個戰役呢？」

馬冬東問。

「他當時所在的 A 連，被派到渣甸山和畢拿山一帶去抵抗日軍。由於不熟悉地形，部隊一下被日軍衝散，奧斯本當機立斷帶領着幾十名部下，一邊走一邊抗擊日軍。」

華爺爺說。

「他們可以打退敵人嗎？」

華港秀緊張地問。

「日軍的手榴彈紛紛投向奧斯本的隊伍，企圖打開缺口，但每一次，奧斯本都

機警地指揮手下，將手榴彈擲回日軍的一邊。當他眼見一枚手榴彈滾落戰壕，不可能及時拾起擲回，他毅然地大聲向戰友呼叫，自己縱身一跳，壓住要爆炸的手榴彈——」

明教授還未說完，馬冬東聽到這裏，忍不住大叫了起來：

「很偉大啊！奧斯本捨身救戰友！」

「啊！英雄！」

華港傑和華港秀同時叫起來，不約而同地望向奧斯本的銅像。

馬冬東也跟着做了。

「他的確是很偉大，以自己的血肉之軀擋住手榴彈，一個人至少救了六個士兵，勇敢無比！他的英雄事跡，一直在生還者

和香港市民中傳揚，因而獲得英國最高榮譽的維多利亞十字勳章，是香港唯一一位獲得這項最高榮譽的軍人！」

華爺爺説。

「説起來，在當年的加拿大援軍另一個皇家來福槍軍營，也有以身阻擋日軍手榴彈而英勇犧牲的英雄**根德 (Gander) 中士**。」

明教授説。

「是嗎？香港有沒有他的紀念碑或者銅像？公公，我也想去看看！」

馬冬東説。

「香港這裏沒有。要知道，牠不是人類，而是一隻軍犬。」

明教授解釋道。

「軍犬？！」

馬冬東、華港秀和華港傑
一齊驚訝地說。

「是的，準確地說，
牠是一隻紐芬蘭犬。牠
生得體型龐大，不少人還以為牠是一頭熊
哩。牠原本名叫 Pal，1939 年參軍，牠駐
守的紐芬蘭根德機場，當時成為在歐洲作
戰的盟軍戰機加油補給的重要基地，牠在
那裏受訓後，正式開始軍旅生涯，並改名
為根德。」

明教授說。

「這軍犬根德，高大又威猛，我如果見
到，一定會好鍾意！」

華港秀想像着說。

「那時候根德隨着加拿大的皇家來福槍團來到香港，團裏的士兵個個都喜愛牠，把牠看作是吉祥物，牠也不負眾望，表現勇敢。當日軍在筲箕灣鯉魚門一帶附近登岸時，牠就狂吠着去咬敵人；當受傷的加拿大軍受到進逼時，牠會跳出去偷襲日軍，逼使敵人改變路線，令不少受傷的加拿大士兵得到及時搶救。」

華爺爺説。

「真了不起啊，根德狗狗！」

馬冬東聽得高興地跳着拍手。

「這樣好的狗狗，我真捨不得讓牠犧牲！」

華港秀想到根德要為香港保衛戰獻出生命，有些傷感，高興不起來。

「那是不可避免的慘烈的戰鬥，根德突然發現日軍的一枚手榴彈，投擲到一羣正在等待救治的加拿大士兵傷員身旁 —— 情況危急萬分，根德毫不猶疑地衝進人羣，以口銜起手榴彈跑向遠處。幾秒鐘時間之後手榴彈爆炸，根德英勇犧牲，而所有的加拿大士兵都得救了。」

華爺爺說。

「嗯，好根德……」

華港秀用拳頭抵住自己的嘴巴，拼命不讓自己哭出聲來。

「秀秀不要難過。根德這種盡忠職守、捨己為人的美德，受到人們的讚頌，而牠傳奇的一生，浴血保衛香港的光榮歷史，值得我們懷念和自豪。」

華爺爺説。

「年過九十的加拿大老兵麥克唐納（George MacDonell），曾經參加過香港保衛戰，他專門為根德寫了一本傳記故事，書中既有收藏逾 70 年的根德歷史照片，也有加拿大皇家步兵軍團漂洋過海、前往香港作戰的歷史照片，以及根德的真實故事、圖文並茂，很值得閱讀。」

明教授説。

「這本書要找來讀一讀啊。」

華港傑説。

「另外，全球最大動物保護權益組織 People's Dispensary for Sick Animals（PDSA），於 2000 年得知了根德在二戰期間香港戰場的傳奇故事之後，特別把代

表最高勇氣和無私奉獻精神的勳章 Dickin
Medal 頒給根德，以示表揚，由牠的後代
領取。」

明教授說。

「哈，根德有後代！真好啊！那麼忠
誠、可愛的紐芬蘭犬，我也想養一隻呢！」

馬冬東笑着說。

圖說香港大事——
進攻香港島

1941年12月11日，英軍開始撤出九龍半島。

1941年12月19日，黃泥涌峽戰役開始。加拿大軍人約翰・奧斯本用身體覆蓋手榴彈犧牲，以保護同僚生命。他的紀念銅像設於香港公園內。

1941 年 12 月 17 日，日軍開始進攻港島，並於翌日登陸。

1941 年 12 月 16 日，日本戰機大規模空襲香港島。

偵探案件7

黑暗之城

這一天傍晚，暮色四合，明啟思教授和華偉忠爺爺在屋苑附近的公園散步之後，走到一個休憩的涼亭裏面。

馬冬東、華港傑、華港秀也隨之而來了。

「爺爺，明教授，有很多同學發出詢問，都很想了解日軍侵略香港之後，那三年零八個月的日子，香港變得怎麼樣，香港人是怎麼熬過來的？」

華港傑面色凝重地問。

「那是香港最黑暗的一段歷史。那段日子，香港百業蕭條，市民不但每天都忍受着饑荒，生命更是朝不保夕，慘不堪言。」

華爺爺皺着眉頭說。

「我看過一些電視劇就是以這個時期作

為時代背景的，故事中的市民經常被日軍欺負，看得人咬牙切齒，這是真的嗎？」

馬冬東問。

「當年日軍犯下很多暴行，在戰後，就有不少日本軍人因為戰爭罪行而被審判。1941 年 12 月 25 日，那一個黑色的聖誕節，是恐怖的日治時期的開始。當日，全副武裝的日軍闖入赤柱聖士提反書院，當時的學校是臨時的軍方醫院，裏面有醫生護士和受傷的士兵。兩個醫生大叫：『Stop！』但話音未落，日軍就舉槍掃射，65 人當場死亡……」

明教授沉痛地說。

「啊呀，真慘……」

華港秀心情不禁沉痛起來。

明教授看見華港秀露出了不安的神色，也就不再說下去。

　　「那天是香港政府向日軍投降的首日，正是三年零八個月的漫長黑暗歲月第一天。日方成立軍政廳，由酒井隆出任最高長官，在半島酒店發佈嚴厲的戒嚴令。」

　　華爺爺說。

　　「到了 1942 年 2 月，日軍中將磯谷廉介抵達香港，成為首任日佔時期的香港總督，結束了軍政府統治。當時的政府總督部設在香港島中環的香港匯豐銀行大廈，成為當時香港最高的行政機關，半島酒店就改為軍方總部。香港皇后像廣場原本放有維多利亞女王銅像的地方，換成一塊刻有日軍佔領香港的告諭石碑。

「日軍這樣強佔香港的地方，真是豈有此理！」

華港傑説。

「那個時期，日本政府向香港市民發出所謂的『**住民證**』，又不准使用港幣，強迫市民要用**日本軍票**。而兑換率，由 2 比 1 不斷下降到 4 比 1，令香港人一下子變得貧窮。」

華爺爺説。

「這簡直就是搶劫！」

華港秀説。

「更可惡的是，那時香港的許多主要工廠被日本人奪取，下至小販，上至銀行，都淪落至破產或貧窮狀態。大大小小的公司、貿易行紛紛倒閉。各種貨品，尤其

是食物，包括米、糖、油、麵粉都嚴重缺乏，連配額供給也不夠。」

明教授説。

「那情景真是不堪回首！由於配給不足，有的人只能吃粥水，也有的人吃米糊、吃木薯粉、吃樹皮、草根，甚至吃馬糞……」

「甚麼？馬糞？吃馬糞？」

華爺爺還未説完，就被震驚得眼睛圓睜的華港秀、馬冬東打斷了

「是啊，吃馬糞的香港人都有不少，要不然就活活地餓死了！那時還流傳出人吃人的恐怖事件，駭人聽聞！」

華爺爺悲痛地説。

馬冬東和華港秀倒吸一口涼氣，嚇得

説不出話來。

「日本的憲兵，那時橫行香港街頭，隨意毒打和逮捕市民，並將他們大批地驅逐出境，強硬推行甚麼『歸鄉政策』。同時，又實行燈火管制和宵禁，晚上不准人上街，一看到有燈光的地方就投擲炸彈。因此香港在日軍佔領期間，人口減少了60多萬。」

明教授說。

「至於在文化方面，日軍除了禁止使用英文及強迫使用日文外，香港街道及地區名稱亦被更改成為日文。戰前香港有649間學校，日治時期只剩下34間，幾乎所有適學兒童都不能上學讀書。在僅剩的學校裏，學生被迫學日語，學得不好的會遭受

嚴厲處分。還要唱日本歌，行日本禮。」

明教授說。

「這不正是洗腦教育嗎？」

馬冬東氣憤怒罵。

「香港雖然是淪陷了，但抗日戰爭並沒有終結，不少政府人員，比如警察、消防員、防空救護員、醫護人員等，也收到舊上司的暗中指示，脫去制服回家，等待時機進行反擊。」

華爺爺說。

「根據統計，在三年零八個月的香港日佔時期，原來的 1073 名華籍英兵中，有 912 人被列為失蹤者，他們到底往哪裏去了呢？原來他們逃出香港，到盟軍控制的地區，去協助游擊隊和反擊組織對抗日軍。」明教授説。

「他們的反擊成功嗎？」

華港秀緊張地問。

「這當然並不容易，而且也有不少英雄故事。比如有一位姓徐的年輕人，戰前曾經在香港大學讀書，後來，戰爭爆發，他加入了後備消防隊，並且參加了香港防衛戰役。香港被日軍侵佔期間，他在父親的協助下，逃到廣東曲江，參加了當地的抗日的服務團工作。」

華爺爺說。

「這個香港大學的學生，很有志氣啊！」

華港秀豎起姆指稱讚。

「是啊，香港那一批和他情況相似的年輕人，有不少曾經受過良好的教育，精通中、英文，在搜集對日作戰的情報上，大大地發揮了作用。就連當時的英軍負責人也稱讚他們忠誠、能幹。」

明教授說。

「我們也很佩服他們。」

華港傑說。

「也有的香港人，是懷有特殊技能的。比如一位姓陳的中印混血兒，他在入伍之前，原本是做燒焊工作的。香港淪陷以

後，他和父親、兄長一起逃離香港，去到雲南附近，遭到日軍空襲，他的父親和兄長慘被炸死。救濟組織把他送回家鄉梅縣，但已無親無故，結果他輾轉到惠州參加香港志願團，再隨軍去緬甸對日軍作戰。」

華爺爺説。

「當時即使是留在本地的童子軍團、防空傳訊隊，甚至由年過 55 歲的英籍和一些來自中立國家的老商人、跨國企業的大班等等，都自發組織，拿起武器同日軍對抗！」

明教授説。

黑暗之城

第4期

華港傑主持

香港 古今奇案 問答信箱

奇案1

匯豐總行的銅獅子真的有子彈痕嗎?

原來在香港淪陷時,匯豐銀行總行的一對銅獅子曾經被運往日本大阪。二戰結束後才物歸原主,可惜身上已留有子彈痕跡。

這對銅獅子,左邊開口的叫史提芬 Stephen,右邊閉口的叫施迪 Stitt,每隻重達 2250 磅!

奇案2

為甚麼有人稱呼「曉士軍團」為老爺兵?

1941 年 12 月 18 日,日軍登陸港島,遇上北角發電廠的老爺兵守軍「曉士軍團」。

曉士軍團是名副其實的老爺兵，成立於 1940 年，由一羣年過 55 歲的老人組成，指揮的是怡和洋行大班百德新少校 (J. J. Paterson)，軍團成員包括電燈公司僱員、電力公司技師、海軍工程人員和士兵，當中不乏經歷第一次世界大戰的老兵，他們堅守發電廠，負隅頑抗，可惜於 19 日彈盡糧絕，被日軍俘擄押往戰俘營。

你見過匯豐銀行總行的銅獅子嗎？你能把它們畫出來嗎？

偵探案件8

集中營的回憶

天氣開始轉冷了，到九龍深水埗公園這裏來的遊人很少。四周圍的環境顯得特別清靜。

「公公，為甚麼帶我們到這裏來？」

馬冬東首先向明啟思教授發問。

「在三年零八個月的日治時期，這地方曾經是日本人囚禁俘虜的地方。」

明教授説。

「我也上網查過了，這一帶最早的時候，是駐港英軍的軍營，後來被日本侵略軍改為戰俘集中營。1983 年改建成公園，附近還保留了軍營的界石。」

站在馬冬東旁邊的華港傑説。

「你搜集的資料正確，我們現在過去那邊看一看。」

華爺爺説着，把大家帶到附近的一座紀念碑前。

只見紀念碑上刻着説明的文字，悼念在集中營蒙難的戰俘們。

紀念碑的周圍伴着花圃，還有兩棵楓樹。

「日軍侵略香港的時候，曾經捉過多少戰俘呢？」

華港秀問。

「大約有11000多的外籍官兵，分別被囚禁在北角、赤柱、小西灣和深水埗等等幾個集中營。」

明教授説。

「當時，這裏成為關押英國和加拿大籍戰俘的人間地獄。由於淪陷時期，白米短

缺，營內的戰俘只能每隔幾天，才分到少量的蘿蔔和青菜，後來，就只是有花草和樹根。受盡折磨的戰俘，一個接一個成為餓死鬼。」

華爺爺說。

「真是慘無人道。」

華港傑沉着臉說。

「就是啊，當年被關在這個集中營裏面的，有一位是英國建築師、公務員**郎勵德**，他曾經參加過香港守衞戰，在鴨脷洲被捕，在這裏度過了三年半，全部家當，只有戰時穿的衣服和背囊，根據他的回憶，在這個集中營裏，40 多個人同住一個房間，毫無私隱和自由。」

明教授說。

「啊！40 個人住一屋，真是擠死了！可是鄔勵德、勵德，勵德邨，這名字聽起來似乎很耳熟能詳 ……」

馬冬東還沒有講完，就被華港秀打斷了：

「乜東東，你要講乜東東啊？別九不搭八的胡言亂語啦。」

華爺爺卻接口說：

「他不是胡言亂語，這感覺是對的，因為鄔勵德就是戰後的六十年代當了香港的工務局長、首席建築師，他有感於香港居住環境的擠逼，提出改革性的『鄔勵德原則』，香港房屋協會為答謝他的貢獻，把當年最具挑戰性的公共屋邨以他的名字命名為勵德邨。」

華港傑恍然大悟：

「難怪聽來似曾相識，原來勵德邨是以他的名字來命名的。」

明教授說：

「他是非常幸運的，不僅在這集中營裏能度過最艱難的歲月，後來還能充分發揮才幹，為香港作出很大的貢獻，而且還活過了整個世紀，超出一百歲。然而，有更多被關在這裏的戰俘，經歷卻是意想不到的恐怖！」

華港秀瞪大雙眼，說：

「真的啊？那是怎樣恐怖的經歷呢？」

華爺爺說：

「因為香港日治時期的糧食危機日益

109

惡化，日軍要免除戰俘加重糧食負擔，決定將其中的一大批英國戰俘運去日本做苦工。就在 1942 年 9 月 25 日，這個集中營的 778 名戰俘，被押解上日本商船里斯本丸號，駛向日本。」

明教授說：

「所有這批戰俘，被擠放人三個狹小的貨艙內。10 月 1 日，這條船駛到中國浙江舟山羣島對出的海面，被美國潛艇魚雷擊中，隨即開始沉沒。」

馬冬東着急地問：

「哎呀！船上的人怎麼樣啊？」

華爺爺說：

「船上的日軍官兵，及時登上前來援救的日本艦艇，可憐那些英國戰俘，不少未

能逃出下沉的里斯本丸而葬身大海。只有少部分即刻跳船逃命，日軍卻冷血地向他們開槍掃射……」

華港傑氣惱地說：

「這簡直是滅絕人性！」

明教授接着說：

「在那生死存亡的一刻，舟山羣島漁民馬上冒險開出幾十艘漁船去搶救。日軍眼見漁民人多勢眾，生怕惡行外傳，不得不停止射殺落難的戰俘。就這樣，漁民把倖存的戰俘救起，送上島去，安排其中一些藏到廟堂，另外的藏在石洞裏面。」

華港秀說：

「那些漁民很勇敢啊！」

華爺爺說：

「但是，危機並沒有過去。第二天，日軍全面封鎖島嶼，搜索俘虜的下落。結果，藏在廟裏的戰俘全部被日軍搜捕，繼續押送去日本。只有躲在石洞裏的戰俘僥倖避過一劫，逃出生天。」

馬冬東長長地嘆息，説：

「唉，真是危險又曲折，很不簡單呀！」

明教授説：

「這個真實的故事，很有歷史意義，後來被作家和導演編成電影故事片，感動和教育了不少觀眾呢！」

華港秀瞪眼説：

「我也很想看啊！」

明教授説：

「可以有機會看到的。」

華港傑想了想，問：

「那麼，有沒有戰俘從這個集中營逃跑出去的呢？」

華爺爺說：

「雖然不多，也是有的。」

馬冬東一聽，驚訝萬分地說：

「真的嗎？這裏是嚴密監管的地獄式集中營，要逃出去，不是要比從里斯本丸沉船逃生更加困難、更加危險的嗎？」

明教授說：

「當然了，這是完全可以想像到的。」

馬冬東急不及待地說：

「逃生過程是怎麼樣的？公公快、快告訴我們呀。」

明教授和華爺爺互相對望一眼，華爺爺說：

　　「那是另一個精彩的故事，下次我們到另一個地方去再說吧。」

圖說香港大事——
香港淪陷

1941年12月25日，日軍突破灣仔，港島淪陷。
當日下午，當時的總督楊慕琦及駐港英軍司令莫德
庇，在半島酒店向日軍投降。香港「三年零八個月」
的日佔時期開始。

香港淪陷後，港督府作出了大規模的改建，
工程於1944年完成。改建後的港督府兼具
東洋特色，成為了現時的模樣。

1942 年 1 月，香港大學醫學院教授、香港義勇軍陸軍中校賴廉士在東江縱隊成員協助下，由深水埗集中營逃至中國內地。

1942 年 9 月，盟軍開始轟炸日軍在香港的據點，直至 1945 年結束為止。空襲間中發生誤炸，傷及無辜。

偵探
案件9

逃出集中營

麗日藍天下的西貢，海光和山色互相交映，總是那麼美麗。

華偉忠爺爺、明啟思教授興沖沖地帶領華港傑、華港秀、馬冬東來到碼頭旁邊。

「這裏的風景真好看！爺爺，公公，你們是不是會有很精彩的抗日故事講給我們聽呢？」

馬冬東期待着説。

「爺爺，明教授，抗日戰爭時期，**東江縱隊游擊隊**在這一帶很活躍，是嗎？」

華港傑嚴肅地問。

「唔，看來你是做過『功課』，有備而來的，傑仔。」

華爺爺説。

「東江縱隊游擊隊？」

馬冬東和華港秀齊聲叫道。

「是的。我們上次也提到過，香港抗日戰爭時期，扮演了相當重要角色的，就是在這裏活動的東江縱隊港九大隊，又叫做廣東人民抗日游擊隊港九大隊。」

明教授說。

「是在甚麼時候成立的？由哪些人參加呢？」

馬冬東問。

「傑仔，既然你查過有關的資料，不如你來介紹吧。」

明教授說。

「是在 1942 年 2 月正式成立，成員為新界原居民子弟，由中國共產黨屬下廣東人民抗日游擊隊東江縱隊領導下組成，主

要在新界西貢一帶活動。」

　　華港傑説。

　　「簡單來説是這樣。其實 1941 年 12 月
8 號日軍進攻香港，第二天廣東人民抗日游
擊隊，即是東江縱隊前身，就派遣精幹武
裝進入香港抗日，組織港九大隊，隊員從
最早的 200 人擴展到超過 6000 多人。」

　　華爺爺説。

「哇！原來有這麼多人不顧生命危險保衛香港！」

華港秀説。

「是的。他們在新界及九龍建立基地，同時在西貢墟建立地下聯絡系統，統領香港及九龍的抗日行動，協助中國獲取日本對華南、台灣和東南亞的戰略情報。」

明教授説。

「最重要的，是港九大隊成功從日軍手中拯救了不少戰俘，包括被囚的英軍官兵及美軍飛行員，此外亦有大批中國教育界、新聞界、文化界人士獲救。」

華爺爺説。

「他們能把日軍集中營的戰俘救出來，那真是太厲害了！當中還有沒有特別重要

的人物和事跡呢？」

　　馬冬東問。

　　「嗯，這個問題，東東，算你問得好。1944 年 2 月 11 日，美軍第十四航空飛行指揮員兼教官克爾（Donald W. Kerr）中尉在轟炸啟德機場時被日軍擊中，跳傘降落在觀音山，後來，就是得到港九大隊小交通員李石仔等救助，才能逃出日軍的搜捕。另外，就是營救了抗戰時十分重要的人物，曾經被關在深水埗集中營的賴廉士爵士 (Sir Lindsay Ride)。」

　　明教授説。

　　「甚麼？被關在深水埗集中營的賴廉士爵士？那是一個甚麼樣的人？」

　　華港秀驚奇地問。

「賴廉士爵士原本是來自澳洲的生理學家，歷任香港大學生理學系主任、香港大學醫學院院長、醫務委員會委員等職位。1941 年在香港的保衛戰期間，出任香港義勇防衛軍的戰地救傷車隊指揮。在戰鬥中不幸被日軍俘擄，囚禁在深水埗的集中營。」

華爺爺說。

「呀！他是這麼優秀重要的人物，怎樣才能逃出死門關？」

馬冬東焦急地問。

「當時和他一起被日軍囚禁的，還有皇家志願後備海軍的香港大學講師摩利 D.W.Morley 和戴維斯 D.F.Davies，以及賴廉士的港大醫學院下屬李耀標。他們同心

同德，一起策劃逃亡。」

　　明教授説。

　　「那過程是不是很緊張刺激？」

　　華港傑也很緊張地問。

　　「嗯，他們暗暗與東江縱隊方面取得聯繫，李耀標首先從集中營的海邊坐上舢舨逃出。次日深夜，賴廉士、摩利和戴維斯三人換上平民服裝，再由李耀標接應，乘舢舨向北面的海岸駛去，途中得到東江縱隊隊員的協助，在西貢轉上大船，去到廣東曲江。」

　　華爺爺説。

　　「太好了！太好了！」

　　華港傑、華港秀和馬冬東一齊興奮拍手。

「他們成功逃離集中營的消息，傳到英國駐華大使館，使英方也受到鼓舞，指令賴廉士商討如何進一步營救其他英軍戰俘和被囚人士的對策，並且由他創立**英軍服務團**，名義上是隸屬於印度陸軍，實際上是為英國秘密情報機關工作，以廣東省曲江為基地，成員有香港大學學生和從集中營逃出的戰俘、公務員等等。」

明教授説。

「那就有愈來愈多香港人參加抗日了！」

華港傑説。

「是的。賴廉士一直對東江縱隊心存感激，他領導的英軍服務團與東江縱隊互相合作，搜集對日軍作戰的情報，組織香港

新界各地的民眾抗日，協助戰俘逃離香港集中營，救走數以百計的平民和外籍公務員。」

華爺爺說。

「他們做得真是好！拯救了不少人命！」

馬冬東跳起來說。

「人們是不會忘記的。賴廉士在戰後出任香港大學第五任校長，是歷來任期最長的校長。而被他的英軍服務團營救過的一位香港大學生徐家祥，戰後出任香港政府首位華人政務官。」

明教授說。

圖說香港大事——
香港重光

1945 年 8 月 6 日及 9 日，美國分別在日本的廣島及長崎投下原子彈。8 月 15 日，日本投降。

香港的日本軍隊宣佈無條件投降後，於 1945 年 9 月 16 日於總督府簽署投降書的儀式。簽署儀式所用的長桌，現時於香港歷史博物館展覽。

日本軍隊宣佈投降後，香港重光。香港出現大規模慶祝活動。

偵探
案件10

維港大空戰

從西貢出來，華偉忠爺爺和明啟思教授，帶着馬冬東、華港傑、華港秀，驅車到了啟德機場的舊址。

明教授環顧四周，驚嘆道：

「哎呀，這裏變化真大，幾乎一點舊日痕跡都沒有了。」

華爺爺説：

「是啊，今非昔比，以前日軍侵略香港，就是從這裏開始的。」

華港傑問：

「日軍攻打香港的時候，啟德機場是怎麼樣的？」

明教授説：

「當時的啟德機場，主要分為東西兩部分，東面是空軍基地，西面是民用機場，

機場由皇家空軍、高射炮團駐守。而空軍基地周邊的防空陣地及巡邏任務，就由空軍負責。」

馬冬東問：

「日軍怎麼打進來的呢？」

華爺爺說：

「他們在 1941 年 12 月 15、16 日兩天，派出海陸空航空隊的大編隊轟炸香港，但大部分的空襲行動，規模都比較小，以攻擊駐港英軍戰艦和炮台為主，但是，他們未能破壞香港海岸的炮台和戰艦。」

明教授說：

「日軍戰機一連空襲香港多日，炸壞了香港仔船塢，使守軍不能修理受損的驅逐艦色雷斯人號 (HMS Thracian)，令登陸港

島的日軍不受阻擊。另外，日軍也擊沉了在東博寮海峽支援香港守軍的英軍艦蟬號(HMS Cicala)。」

華爺爺接着説：

「不可不知，雖然香港當時戰敗了，但防空署的優秀救護人員和防空工事，搶救了大量市民的生命，避免了像倫敦被大規模空襲中，許多民眾喪生的慘劇。而在香港的防空戰，有17位防空署人員犧牲。」

華港秀説：

「他們捨身救市民，也是英雄啊！」

明教授點點頭，説：

「是的。香港在1941年落入日軍的鐵蹄中，但盟軍從1942年開始就對香港的日軍發起空襲，試圖反攻。」

華港傑問：

「在香港打空戰，一定是非常激烈的吧！」

華爺爺說：

「那是可想而知的。日軍偷襲珍珠港，在半年時間之內，先後攻佔香港、馬來西亞、新加坡、菲律賓、關島、印尼、緬甸等，企圖建立所謂的『大東亞共榮圈』。香港雖然是彈丸之地，但對日軍『大東亞共榮圈』的侵略野心非常重要。」

明教授說：

「就是因為這樣，日軍在香港境內，建立很多油庫、船塢，啟德機場這裏和大磡村一帶，也停泊了不少零式戰機、攻擊機和轟炸機，香港那時既是日軍的重要軍事

補給所，也就成為盟軍轟擊的目標。」

馬冬東兩眼圓睜，問：

「那香港不是很危險嗎？」

華爺爺說：

「當然是了。1942 年 10 月 25 日，12
架美軍轟炸機和 P-40 戰鷹戰鬥機，以及由
美國飛行員組成的**飛虎隊 (Flying Tigers)**

轟炸中隊，從桂林的秘密基地出發，直飛香港，首要任務是轟炸日軍停泊在維多利亞港一帶的戰艦。日軍出動啟德機場這裏的戰機去攔截，香港上空展開了一場生死大搏鬥！」

華港傑緊張地問：

「結果怎麼樣呢？盟軍打得贏嗎？」

明教授説：

「由於盟軍早有部署，一早就用偵察機紀錄了香港的重要軍事設施和位置，所以對日軍的行動計劃相當了解，那次一舉擊落了18架日本戰機，炸毀了不少油庫、船塢等重要軍事設備。」

華港秀、馬冬東和華港傑拍手歡呼：

「好得很！盟軍勝利了！」

華爺爺說：

「這次初戰大捷，

盟軍上下都大受鼓舞，陸

續派出不同的戰機來香港

空襲作戰。1944 年 10

月，盟軍兵分兩路轟炸

香港，一隊 8 架轟炸機在港島西區投擲炸

彈，日軍以戰艦還擊，結果十艘軍艦被擊

沉。」

馬冬東高興地說：

「好得很！打得它無力還手！」

明教授說：

「可是，另外一隊 28 架盟軍轟炸機，

在紅磡及尖沙咀進行高空襲擊，被日軍在

啟德機場這裏用零式戰機起飛迅速截擊。

這一場戰鬥，最令人關注的問題，不是誰勝誰敗，而是出現較多的誤炸，紅磡的房屋及學校都受到牽連，數以百計的市民慘被炸死。」

華港秀驚叫：

「啊呀！那真是無辜！」

華爺爺說：

「在香港日佔時期，空戰頻繁，最令人難忘的是 1944 年 2 月 11 日的那一次。當時日軍正擴建啟德機場，實行雙跑道制，減少戰機升空和降落的時間。飛虎隊將軍陳納德 (Claire Lee Chennault) 率領 12 架轟炸機空襲香港，在啟德機場上空爆發空戰。期間 3 架日本戰機被擊落，但陳納德手下克爾中尉的戰機中彈……」

馬冬東急得跺腳叫起來：

「不好了！他會犧牲嗎？」

明教授微微一笑，說：

「沒有。他從戰機上跳傘求生，及時被東江縱隊的游擊隊員救走了。」

馬冬東、華港傑和華港秀一齊舒了一口氣，說：

「好在啊！」

華爺爺說：

「事實上，在 1943 年至 1945 年期間，盟軍空襲香港，在轟炸油庫、船塢等軍事設施的時候，往往都會錯誤估計位置範圍，令香港中環、灣仔、紅磡和尖沙咀區內的一些平民，被流彈炸死，成為戰爭中不幸的犧牲者。」

明教授聲音低沉地說：

「這是令人痛心的。在日軍侵佔這裏的時候，香港市民除了要被日軍凌辱、殘害之外，還要忍受盟軍的空襲，隨時會飛來橫禍，流離失所，無家可歸，甚至生離死別。總之，在戰爭當中，受苦的都是平民百姓。」

偵探
案件11

香港重光

142

這個星期天的午後，華港傑、華港秀和馬冬東追隨着明啟思教授、華偉忠爺爺，沐浴着燦爛的陽光，來到香港中環大會堂的紀念花園。

這是為了紀念在第二次世界大戰中，為保衛香港捐軀的軍民而建的。

高座和低座的入口，各設有一扇銅門，銅門的十字鏤空花紋上，鑲有皇家香港軍團一對雙龍紋章銅雕，銅門兩旁寫着中、英對照的文字：

「此銅門為紀念香港義勇軍在戰時保土殉職及 1941 年至 1945 年不幸身故者而建。鑄此以垂不朽，香港政府謹識。」

花園中央建有 12 邊形的紀念龕，內存陣亡者名冊和鑄刻陣亡隊伍名稱的木匾，牆

上鑲着「英靈不滅，浩氣長存」八個大字。

　　大家懷着莊嚴肅敬的心情，觀看了一會兒，馬冬東問：

「日本是怎樣投降的呢？」

華爺爺說：

「那是在 1941 年 8 月 6 日及 9 日，美軍先後在廣島和長崎投下原子彈，最少 15 萬日本人死亡，日皇裕仁 15 日透過電台廣播宣佈無條件投降。第二次世界大戰也宣告結束。」

　　馬冬東和華港傑、華港秀一齊歡叫：

「好！終於等到這一天了！和平勝利啦！」

華港傑問：

「那時候的香港怎麼樣？」

明教授説：

「當天下午，大批香港市民接到日本投降的消息，奔走相告，歡天喜地，盼星星，盼月亮，香港三年零八個月的日治時期終於完結了。英國宣佈將接收香港及恢復香港的管治。第二天取消了晚間燈光管制。」

華港秀説：

「香港從此要恢復光明了吧？」

華爺爺説：

「可是，日
軍的暴行卻沒
有即時停止。8
月 19 日下午，大
嶼山游擊隊突襲進
駐梅窩的日軍，殺
死十幾個日本兵。一位游擊
隊員犧牲。日軍瘋狂報復，嚴刑拷打當地
的 300 多名村民，將正副村長斬首，總共
殺死了 12 位無辜的村民。」

明教授說：

「根據資料顯示，戰後，英國在香港設
立的戰爭罪行法庭，審訊了的日軍戰爭罪
行共有 46 宗，其中包括發生在大嶼山的罪
行，村民挺身出庭指證，證供變成了重要

的史實。」

馬冬東問：

「那麼，這些審訊有結果嗎？」

華爺爺說：

「其中 44 宗確定日軍犯下的罪行，108 人罪名成立，有的被判監禁，也有的被判死刑。」

華港傑說：

「除此以外，在日本投降後，香港還發生了甚麼事？」

明教授說：

「本來，中、英雙方在香港主權歸屬的問題上各有爭議，中方更率先派軍隊佔領九龍，但在美國壓力下，中國終於同意讓英國代表中國戰區和英國接受日軍投降。」

華爺爺說：

「1945 年 8 月 30 日，英國皇家海軍輕巡洋艦史維蘇里號 (HMS Swiftsure)，經香港鯉魚門駛入維多利亞港北角海面，並且發出英文報紙號外。市區內出現大規模的慶祝活動，以後每年的重光紀念日，便曾經成為公眾假期。」

華港秀笑嘻嘻地說：

「頂呱呱呀！值得慶祝，好好的慶祝！」

華爺爺說：

「9 月 16 日，駐港日軍正式向香港軍政府投降，儀式在港督府舉行。英國太平洋艦隊海軍少將夏慤 (Cecil Harcourt) 以香港軍政府總督的身份，代表英國政府和中

國戰區最高統帥受降，在場還有中國、美國及加拿大代表。日本陸軍少將岡田梅吉和海軍中將藤田類太郎解下佩劍，交給夏慤，然後在投降書上簽字。」

華港傑問：

「原來戰前的那個港督怎麼樣了？」

明教授說：

「你問的是楊慕琦（Mark Young）吧？他原在 1941 年獲任命為第 21 任香港總督。上任三個月，日軍進攻香港，香港被攻陷後，他在 12 月 25 日黑色聖誕節簽署

投降書之後，就被日軍逮捕了。」

馬冬東説：

「港督也淪落為戰俘嗎？」

華爺爺説：

「是的。日軍先後把他囚禁在香港半島酒店、台灣和東北瀋陽，還多番折磨他。後來蘇聯紅軍進攻東北，把他救了出來。由於身體太差，他回英國療養了半年以後，才於 1946 年 5 月復任港督。在此之前，就由夏慤籌組的軍政府管治香港。」

明教授説：

「軍政府的主要工作，是接收政府機關及船塢，釋放盟國戰俘和被囚的英國僑民，使水電供應等公共設施儘快恢復正常。警署、航政署等政府部門也恢復運

作，並且致力維持公共秩序。」

華港傑又問：

「在香港重光以後，市民的生活有些甚麼大的改變嗎？」

華爺爺說：

「香港重光雖然值得高興，但是經歷過第二次世界大戰之後，香港滿目瘡痍，經濟蕭條。許多人從鄉下回來香港，人口回升到 100 萬，又以每個月 10 萬人的速度上升。但糧食短缺，物價飛漲，不少房屋受到破壞或者日久失修，大約 16 萬人無家可歸。」

馬冬東說：

「這麼多人沒有屋住，問題真的是很嚴重。」

明教授說：

「是啊。當時香港百廢待舉，還要面對一大堆困難和問題。醫療衛生條件極差，傳染病流行，大部分的適齡學童失學，交通工具也嚴重短缺，軍政府只有將貨車充當巴士。另外，日本軍票作廢，也令不少市民一夜之間傾家蕩產。」

華港傑說：

「好像日本軍票的問題，到現在還未解決呢？」

華爺爺說：

「就是呀。當時香港還發生了多宗水雷引致的嚴重海難，炸死了一些平民百姓，

所以，清掃水雷也成為戰後急需解決的問題之一。」

明教授說：

「不過，香港戰後的重建速度，還是相當快的。1946 年中期，香港人口上升至戰前水平，商業開始興旺，同時，也取消了一些戰前的殖民地禁忌，比如華人不再被禁止使用某些海灘，或是在太平山頂擁有物業等等。」

第5期

華港傑主持

香港 古今奇案

問 答 信 箱

奇案1

深水埗公園留下了二次大戰的痕跡嗎？

深水埗公園的前身曾是日軍囚禁戰俘的軍營。二次世界大戰後，深水埗軍營重新被使用，1977年軍營關閉，部分土地改建成今天的深水埗公園。

公園內設置了兩塊紀念碑以及 1989 年和 1991 年的兩次植樹，以紀念在香港保衛戰戰死的英國及加拿大軍人。

公園內紀念加拿大軍人的紀念碑

奇案2 海防博物館以前是魚雷發射站？

　　1941 年 12 月 8 日，日軍侵略香港時，鯉魚門炮台便負責阻止日軍登陸港島，可是雙方實力懸殊，炮台最後於 12 月 19 日被攻陷。

　　到了 2000 年，鯉魚門炮台完成修建，成為今天的海防博物館。其實，早在 1887 年鯉魚門炮台已經建成，具有百年歷史。1890 年，英軍更在岬角海邊建成魚雷發射站，這是當時世界上最具威力的水下武器。

開放時間

三月至九月

星期一至三、五至日：　上午 10 時至下午 6 時

十月至二月

星期一至三、五至日：　上午 10 時至下午 5 時

星期四（公眾假期除外）、農曆年初一及二休館

奇趣香港史探案 4
大戰時期

編著　　　周蜜蜜
插畫　　　009
責任編輯　蔡志浩
裝幀設計　明　志　無　言
排版　　　時　潔
印務　　　劉漢舉

出版　　中華書局（香港）有限公司
　　　　香港北角英皇道 499 號北角工業大廈 1 樓 B
　　　　電話：（852）2137 2338　傳真：（852）2713 8202
　　　　電子郵件：info@chunghwabook.com.hk
　　　　網址：www.chunghwabook.com.hk

發行　　香港聯合書刊物流有限公司
　　　　香港新界荃灣德士古道 220-248 號荃灣工業中心 16 樓
　　　　電話：（852）2150 2100　傳真：（852）2407 3062
　　　　電子郵件：info@suplogistics.com.hk

印刷　　迦南印刷有限公司
　　　　香港葵涌大連排道 172-180 號金龍工業中心第三期 14 樓 H 室

版次　　2017 年 6 月初版
　　　　2022 年 6 月第 2 次印刷
　　　　© 2017 2022 中華書局（香港）有限公司

規格　　16 開（200mm x 152mm）

國際書號　978-988-8420-43-8